向众多致力于拯救长颈鹿的自然环境和野生动物保护主义者致敬。同时感谢我的团队成员——希瑟、海利、德文、威利、埃西和格斯。是你们让我像长颈鹿一样昂首挺胸，信心十足。

——斯蒂芬 · R. 斯温伯恩

感谢我的朋友尼尔顿。

——热拉尔多 · 瓦莱里奥

图书在版编目（CIP）数据

长颈鹿学数学 / (美) 斯蒂芬 · R. 斯温伯恩著 ; (美) 热拉尔多 · 瓦莱里奥绘 ; 蒋婉婷译 . -- 北京 : 科学普及出版社 , 2024.10
书名原文 : GIRAFFE MATH
ISBN 978-7-110-10735-5

Ⅰ . ①长… Ⅱ . ①斯… ②热… ③蒋… Ⅲ . ①数学 - 儿童读物 Ⅳ . ① O1-49

中国国家版本馆 CIP 数据核字（2024）第 073620 号

长颈鹿学数学
CHANGJINGLU XUE SHUXUE

策划编辑：李世梅　倪婧婧
责任编辑：李文巧
版式设计：蚂蚁文化
封面设计：赵　欣
责任校对：邓雪梅
责任印制：李晓霖

出版：科学普及出版社
发行：中国科学技术出版社有限公司
地址：北京市海淀区中关村南大街 16 号
网址：http://www.cspbooks.com.cn
邮编：100081
发行电话：010-62173865
传真：010-62173081

开本：889 mm × 1194 mm　1/16
印张：2.5
字数：40 千字
版次：2024 年 10 月第 1 版
印次：2024 年 10 月第 1 次印刷
印刷：北京瑞禾彩色印刷有限公司

书号：ISBN 978-7-110-10735-5 / O · 206
定价：49.80元

长颈鹿学数学

GIRAFFE MATH

[美] 斯蒂芬·R. 斯温伯恩 著
[美] 热拉尔多·瓦莱里奥 绘
蒋婉婷 译

科学普及出版社
·北 京·

你喜欢长颈鹿吗？你喜欢数学吗？它们在一起又会碰撞出怎样的火花呢？

欢迎来到长颈鹿和数学的世界，我们将以数学的角度，从长颈鹿的角一直研究到它们大如餐盘的蹄子。

就让我来做你的导游吧！我知道很多关于长颈鹿的秘密哦，你可能要问为什么，那是因为我就是一只长颈鹿！我叫泰迦，准备好和我一起学数学了吗？

身高：我们究竟有多高呢？

跟长颈鹿有关的数字可太多了，就让我们从最大的数字说起吧。成年雄性长颈鹿有 5~6 米高，成年雌性长颈鹿有 4~5 米高。我们可是地球上最高的动物！

来和其他生物比拼一下身高吧！

长颈鹿低头喝水时它的身体会躬成一个三角形，你能说出这是什么三角形吗?

我们的身体有时候会躬成一个等腰三角形，有时候会躬成一个等边三角形。这取决于我们的身高和两条前腿之间张开的距离。

由于我们在水坑边喝水时需要张开双腿，这时我们就很容易受到捕食者的攻击。因此，我们在喝水的时候千万要提高警惕，多加小心。

猜猜我的体重吧！

雄性长颈鹿的体重可达 1900 千克。像我这样的雌性长颈鹿平均体重是 800 千克。我的宝宝西塔，刚出生时重 68 千克，高 180 厘米。

你的体重是多少呢？你的身高又是多少呢？

来和其他动物比拼一下体重吧！

长颈鹿经常成群结队地一起散步，我们管这叫徒步旅行，我可喜欢和我的家人、朋友们一起散步了呢。

长颈鹿角：我们头顶上是什么呢？

长颈鹿身上的最高点有角状的小突起，它们就是长颈鹿角。长颈鹿角可以长到25 厘米以上。如果你是 7~8 岁的孩子，那我们的角就和你的手臂差不多长。

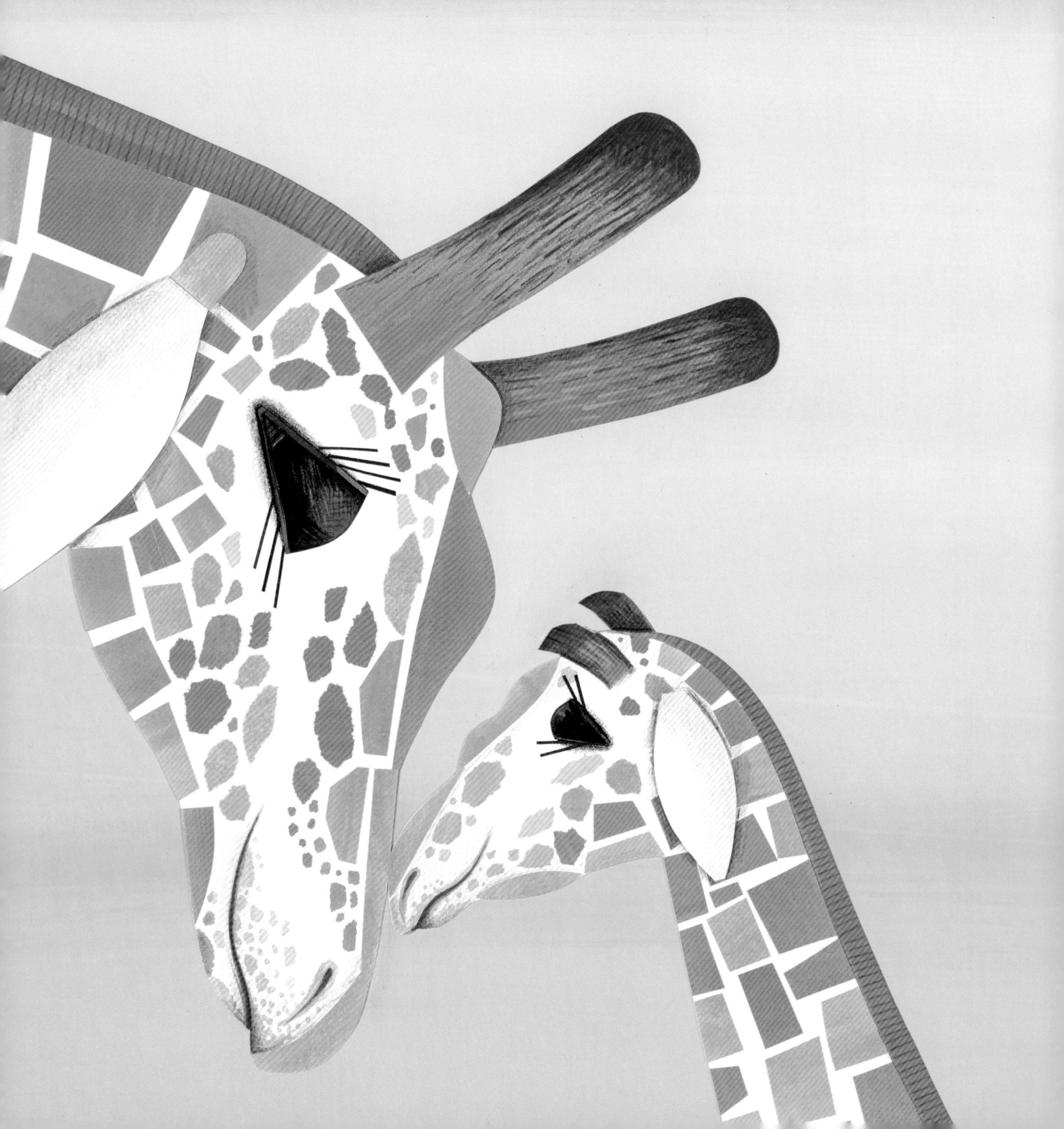

雄性长颈鹿和雌性长颈鹿都至少长有两个长颈鹿角。有些雄性长颈鹿可以长多达五个角！雄性长颈鹿用这些鹿角作为搏斗的武器，这也就是为什么它们当中有的鹿角有时是光秃秃的——因为角上的茸毛在搏斗中被磨掉了。

雄性长颈鹿和雌性长颈鹿的鹿角有什么区别？

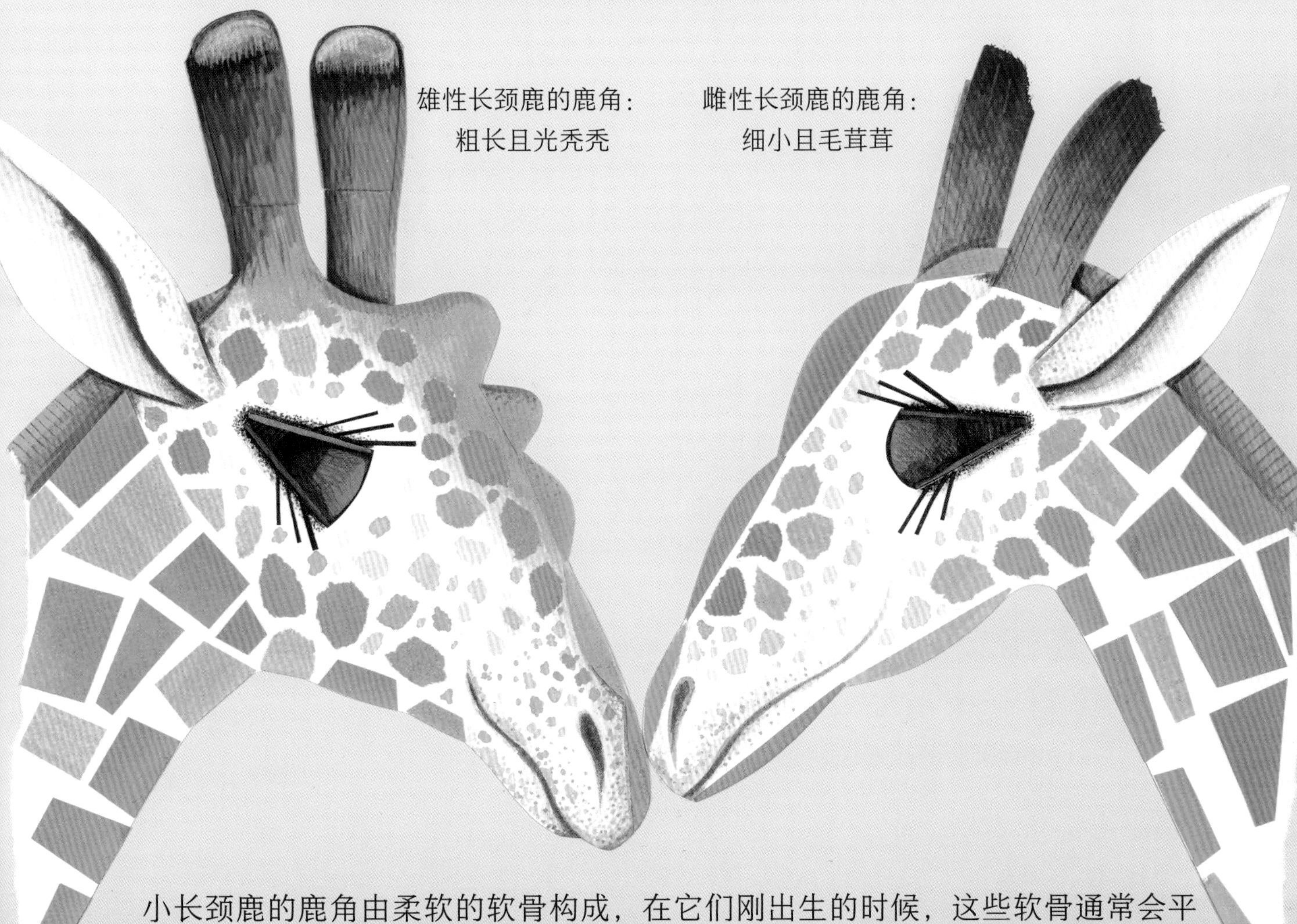

小长颈鹿的鹿角由柔软的软骨构成，在它们刚出生的时候，这些软骨通常会平倒在头顶上以避免受伤。随着小长颈鹿慢慢长大，它们的鹿角会逐渐与头骨长在一起。

自然环境和野生动物保护主义者会在一些长颈鹿的鹿角上安装太阳能全球定位系统设备，用于追踪我们的行动，人们称之为泰迦跟踪。这样人类就能了解我们徒步旅行的距离及目的地。这些保护主义者一直在关注着我们，并且帮助我们维护栖息地的安全。

视力：我看到你啦！

我打赌你从没见过戴眼镜的长颈鹿！我们长颈鹿的视力超级好，我在 1600 米外就能看到你！你有没有步行走过 1600 米的路呢？那可是一段很长的距离哦。

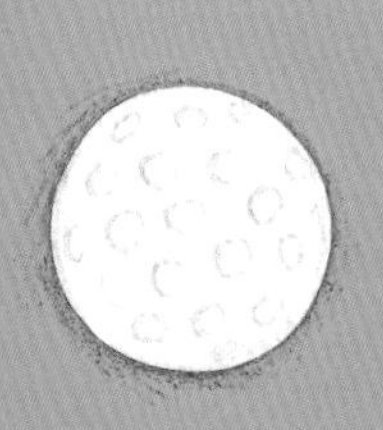

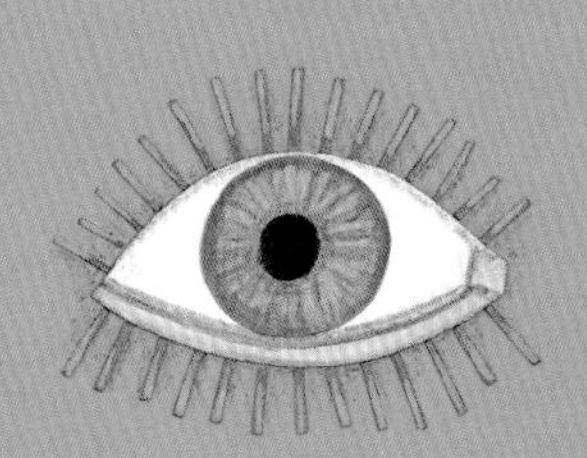

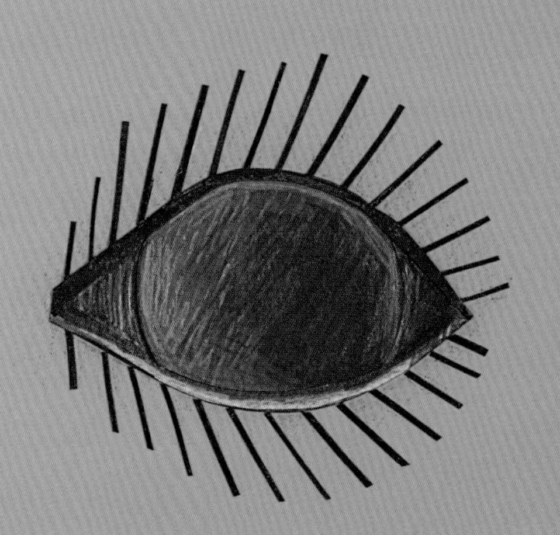

一个高尔夫球的直径约为 4 厘米，而我眼球的直径有约 5 厘米，比高尔夫球还要大。而你们人类的眼球直径大约是 2 厘米，和一枚 1 元硬币差不多大。

我们眼睫毛的长度就有 2 厘米，长长的睫毛能帮我们阻挡灰尘和沙子。由于我的眼睛离头顶很近，所以这个高度让我可以轻松俯瞰周围的世界。

舌尖上的对话！

长颈鹿的舌头是所有陆地动物中最长的，有些能长达 50 厘米，而你的舌头可能也就只有 10 厘米长。再说我们舌头的颜色，我们的舌头是黑色、深蓝色或紫色的，因为里面含有大量的黑色素，这有助于保护我们的舌头不被阳光晒伤。你知道吗，你的皮肤中也有黑色素哟。

我们的舌头表面覆有一层厚厚的唾液，唾液能帮助我们保护口腔。当我们想用舌头剥下长有锋利长刺的合欢树或儿茶树的树叶时，这些唾液便能发挥它们的作用了。

我的舌头是可以卷曲的，这就意味着我的舌头就像你的手一样可以通过缠绕来抓取东西。我的舌头可以抓住叶子，然后把它们送进嘴里。

我比你高一个脖子！

长颈鹿的长脖子由七块椎骨构成。你猜怎么着？你的脖子也是这样的！我们之间的区别就在于我的每一块椎骨都有 25 厘米长，而你的每块椎骨大约只有 3 厘米长。

我喜欢我的长脖子！它能帮我够到我最喜欢的树，这样我就能尽情享用叶子和花了。在进食时，我的视野比大象和羚羊等其他食草动物的都要高。因为我的头长在我的长脖子上，所以我可以密切关注到周围的风吹草动。另外，我们长颈鹿喜欢群居生活，所以我们有许多双眼睛在同时观察周围有没有捕食者来袭。

请你猜猜看，落在我脑袋和脖子上的那些鸟叫什么？它们在做什么呢？

它们是牛椋鸟！我特别喜欢它们，因为它们可以吃掉我皮肤上令人讨厌的寄生虫（如蜱虫）。它们可是我身体的清洁工！

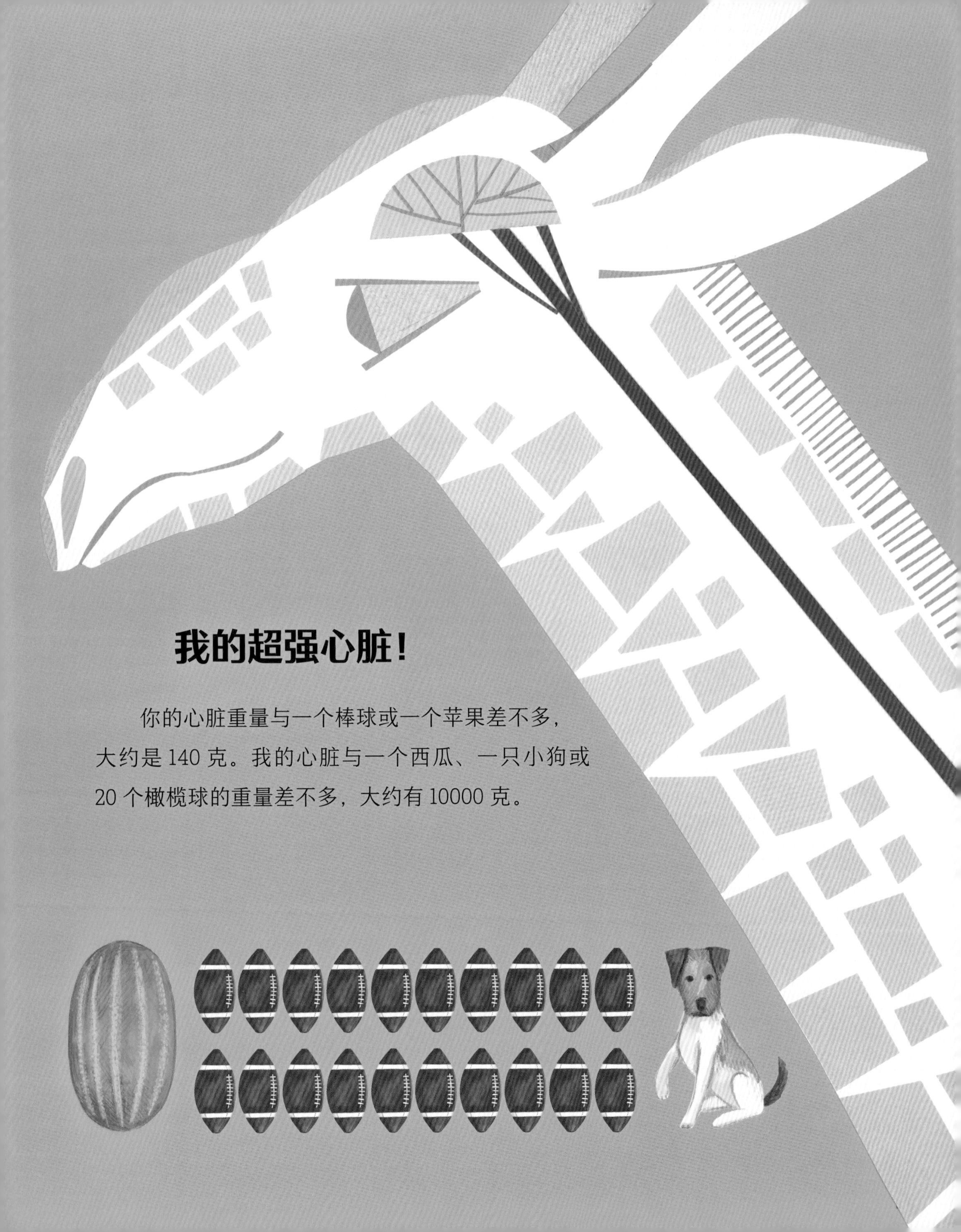

我的超强心脏！

你的心脏重量与一个棒球或一个苹果差不多，大约是 140 克。我的心脏与一个西瓜、一只小狗或 20 个橄榄球的重量差不多，大约有 10000 克。

心脏大小大比拼

长颈鹿的心脏：
61 厘米长

三年级小朋友的心脏：
一个苹果的大小

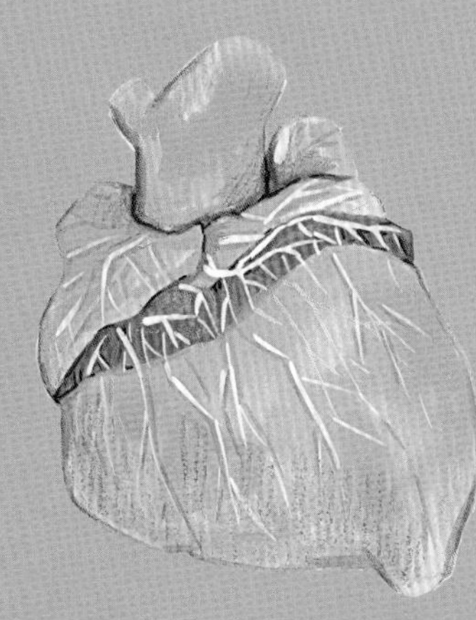

蓝鲸的心脏：
150 厘米长，120 厘米宽

老鼠的心脏：
一粒葵花子的大小

长颈鹿的心脏是所有陆地哺乳动物中最大的。我们的心脏每分钟可以向全身泵送近 60 升的血液。要想把血液通过 2 米长的脖子输送到大脑里，没有这样的超强心脏可不行。

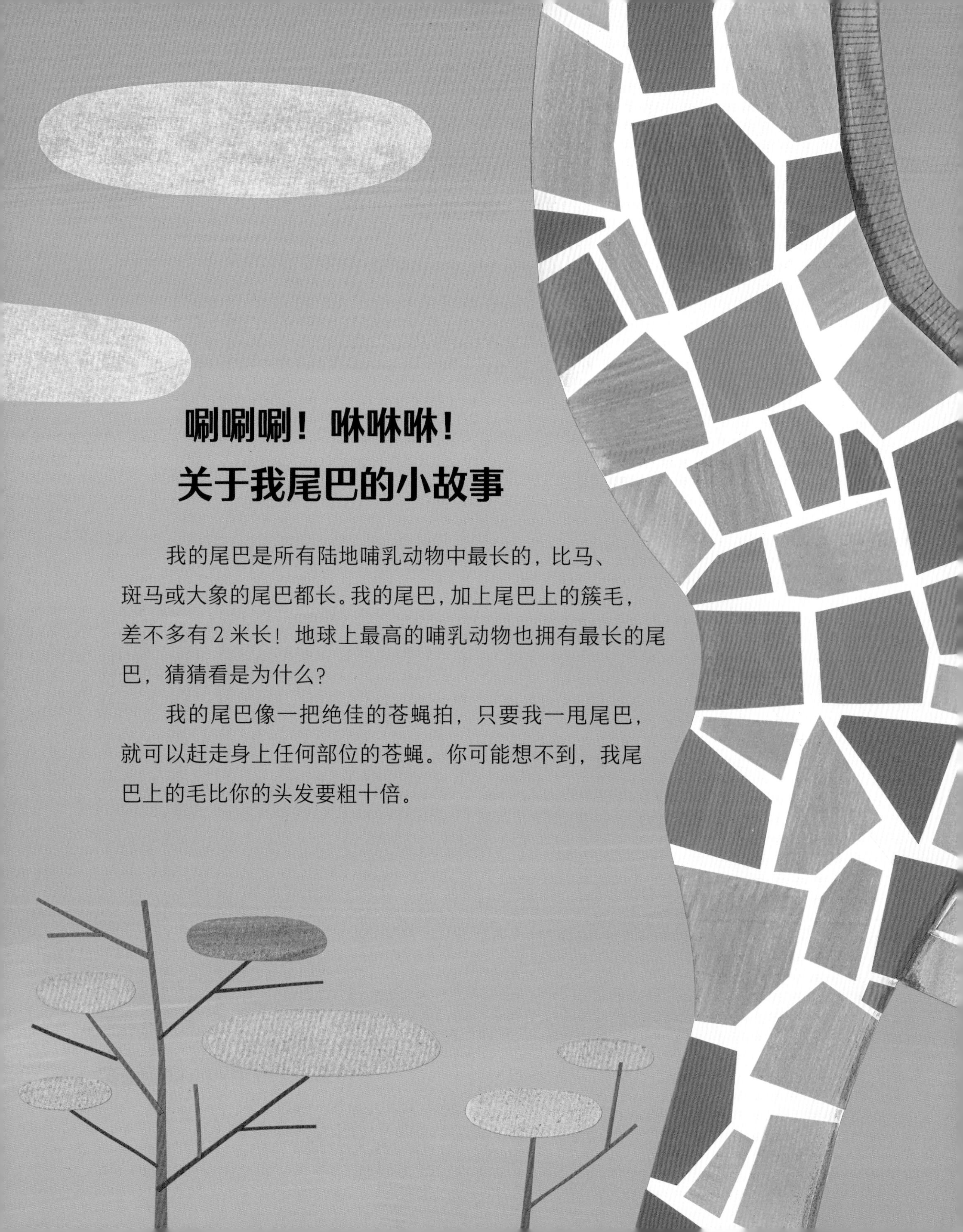

唰唰唰！咻咻咻！
关于我尾巴的小故事

我的尾巴是所有陆地哺乳动物中最长的，比马、斑马或大象的尾巴都长。我的尾巴，加上尾巴上的簇毛，差不多有2米长！地球上最高的哺乳动物也拥有最长的尾巴，猜猜看是为什么？

我的尾巴像一把绝佳的苍蝇拍，只要我一甩尾巴，就可以赶走身上任何部位的苍蝇。你可能想不到，我尾巴上的毛比你的头发要粗十倍。

图案：斑纹和伪装

你可以观察一下你的指纹，在这个世界上，每个人的指纹都是独一无二的，没有任何人和你拥有相同的指纹。那你猜猜看，有没有其他长颈鹿和我拥有一模一样的斑点图案呢？其实我们身上的图案也或多或少会有些不同。

科学家们说，我身上的斑纹或斑点能帮助我巧妙地跟非洲的树木和草丛融合在一起，这样我可以很好地伪装并以此来躲避捕食者。此外，这些斑点还有一个很棒的用处：它们就像微型空调一样，每个斑纹都是一个散热窗口，让我全身保持凉爽舒适！

网纹长颈鹿

你知道吗？在非洲共有四种长颈鹿，而且每种长颈鹿都有自己独特的斑点图案。它们分别是马赛长颈鹿、南方长颈鹿、北方长颈鹿和网纹长颈鹿。

你能看出它们之间的区别吗？

腿：狮子，你最好不要轻易招惹我们！

长颈鹿的腿强壮有力，就算是狮子挨上一脚也不会好受。我有力的大长腿可以抵御捕食者。要是狮子敢靠近，我会迅速抬起双腿，然后——砰！给它一脚！

我是一位短跑健将，奔跑时速约为每小时 50 千米。不过大多数时候，我和家人都是慢悠悠地四处溜达。你知道我们是怎么走路的吗？走路时，我们会同时向前摆动身体一侧的两条腿，然后再摆动另一侧的两条腿，看起来是不是有点像“顺拐”？

你能跑多快？

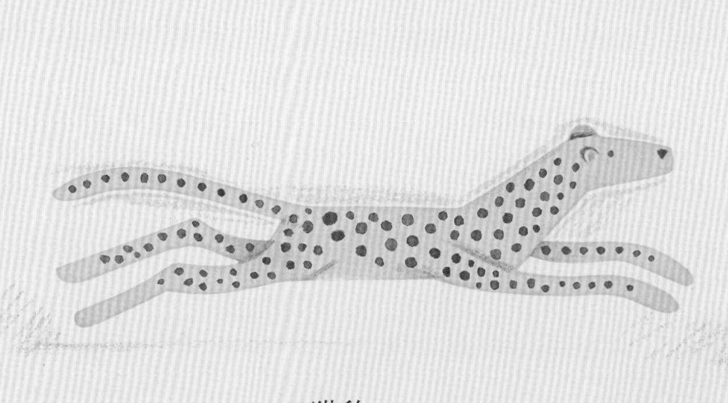

猎豹：
97 千米 / 小时

长颈鹿：
50 千米 / 小时

人类：
16 千米 / 小时

加拉帕戈斯象龟：
0.26 千米 / 小时

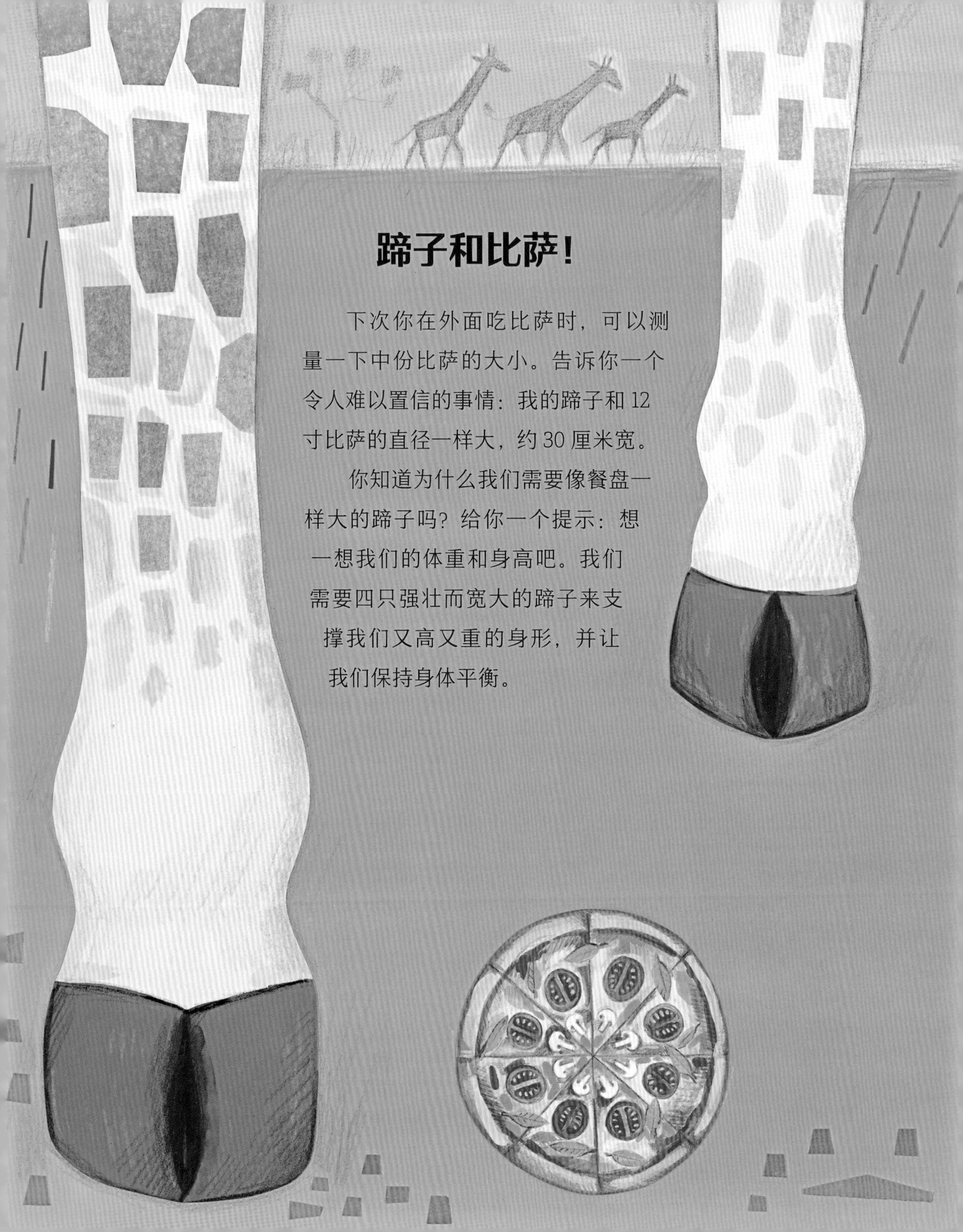

蹄子和比萨！

下次你在外面吃比萨时，可以测量一下中份比萨的大小。告诉你一个令人难以置信的事情：我的蹄子和 12 寸比萨的直径一样大，约 30 厘米宽。

你知道为什么我们需要像餐盘一样大的蹄子吗？给你一个提示：想一想我们的体重和身高吧。我们需要四只强壮而宽大的蹄子来支撑我们又高又重的身形，并让我们保持身体平衡。

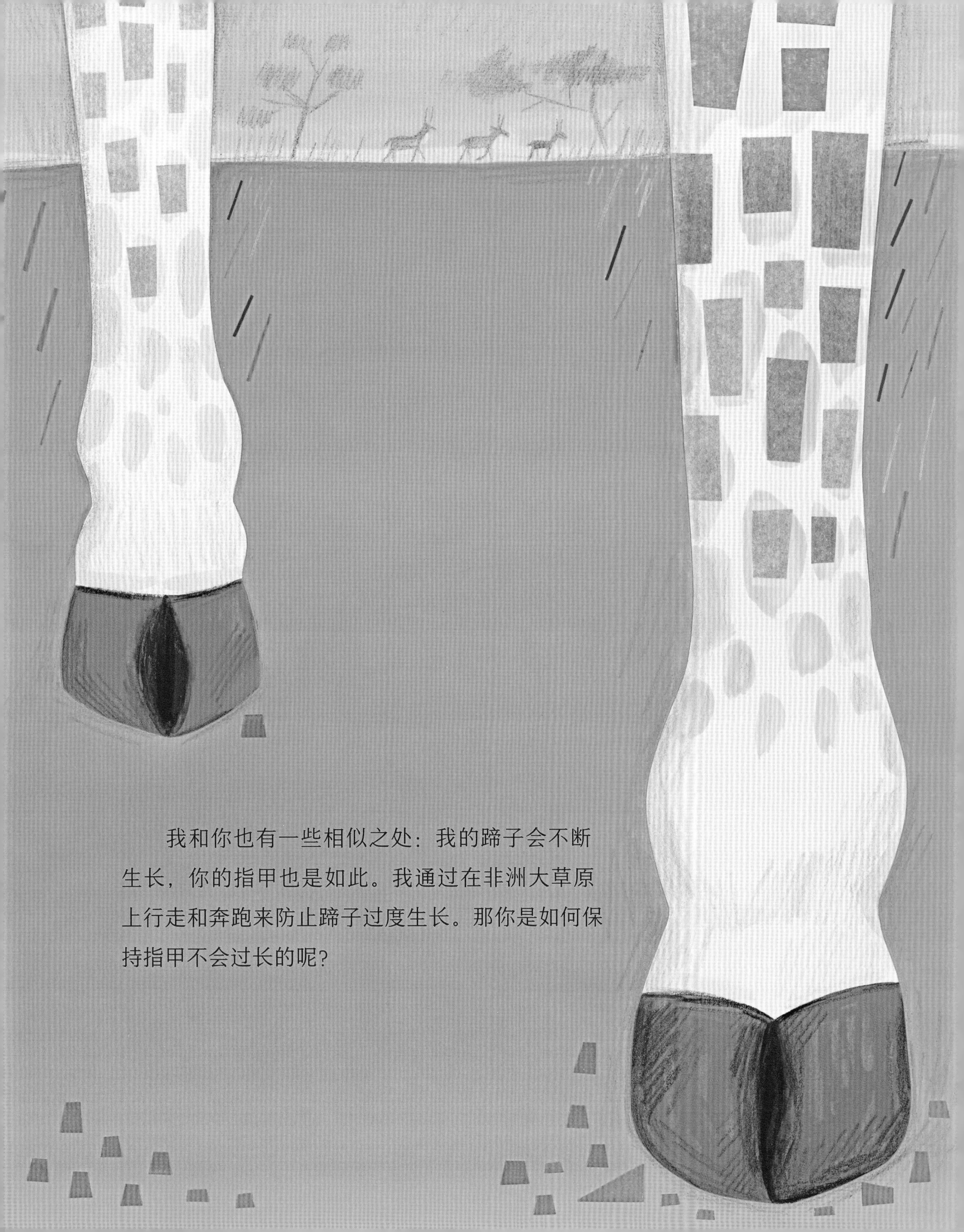

我和你也有一些相似之处：我的蹄子会不断生长，你的指甲也是如此。我通过在非洲大草原上行走和奔跑来防止蹄子过度生长。那你是如何保持指甲不会过长的呢？

温柔又喜爱群居的长颈鹿

跟大象一样，长颈鹿也是群居动物。当遇到同类时，我们会互相磨蹭彼此的脖子和口鼻。我们不太发出声音，但你可能偶尔也会听到我们的鼻息、吼叫或咕噜声。长颈鹿妈妈很爱长颈鹿宝宝，对所有宝宝都照顾有加。如果一位长颈鹿妈妈要离开去找吃的，她的宝宝就会由鹿群中的另一位长颈鹿妈妈帮忙照看。长颈鹿与非洲的其他动物不太相同。虽然我们长得高大雄伟，但我们的脾气常常是温和、安静的，因此我们在草原上当之无愧地被称为“温柔的巨人”。

泰迦送给小朋友们的最后一句话

希望你能享受了解长颈鹿的过程，也能爱上数学。希望你能明白，我们长颈鹿不仅个头高，还是地球上最神奇的长颈哺乳动物。还希望你能明白数学不仅仅是数字、百分比、重量、身高和直径等概念的堆砌，就像我们长颈鹿一样，数学的世界还有许多神奇的知识，等待你去探索！

更多关于
长颈鹿的知识

长颈鹿的生命周期

长颈鹿妈妈的孕期大约为 15 个月，分娩时会采用站立的姿势。新生的长颈鹿，会从约 2 米的高度出生，掉落在地上，并且它们在出生后一小时内就能站立和奔跑。幼崽的哺乳期大约为一年，但在四个月大时它们就会开始吃嫩叶。长颈鹿幼崽会发出“哞哞”声、鼻息声和咕噜声，而成年长颈鹿大多数情况下是不会发出声音的。但科学家最近发现，长颈鹿在夜间会发出低哼声。研究人员认为，这种声音可能是长颈鹿在黑暗中相互交谈的一种方式，此时它们的视力会受限。

长颈鹿一整天都做什么？长颈鹿一天中的大部分时间都在进食和休息。一天时间，它们能用自己 50 厘米长的舌头和灵活的嘴唇从树上剥下多达 70 千克的叶子、花、种子、豆荚和树皮。与牛和山羊一样，长颈鹿也是反刍动物，可以利用多腔胃和肠道微生物来消化植物。在野外，长颈鹿可以活到 20 岁以上，而动物园里圈养的长颈鹿能活到 25 岁以上。

长颈鹿生活在非洲的什么地方呢?

下图为长颈鹿的历史分布情况与现在分布情况的对比图。

在非洲，长颈鹿已经失去了 90% 的栖息地。除了栖息地的丧失，长颈鹿还面临着人类偷猎、天敌狮子的捕食等多种威胁。更残酷的是，在非洲的一些地区，长颈鹿幼崽会成为狮子、豹子、野狗、鬣狗和鳄鱼的盘中餐，导致 50% 的长颈鹿幼崽活不过一岁。

在 18 世纪，游荡在非洲各地的长颈鹿超过一百万只，而到了今天，据科学家估计，野生长颈鹿大约只有 117000 只。

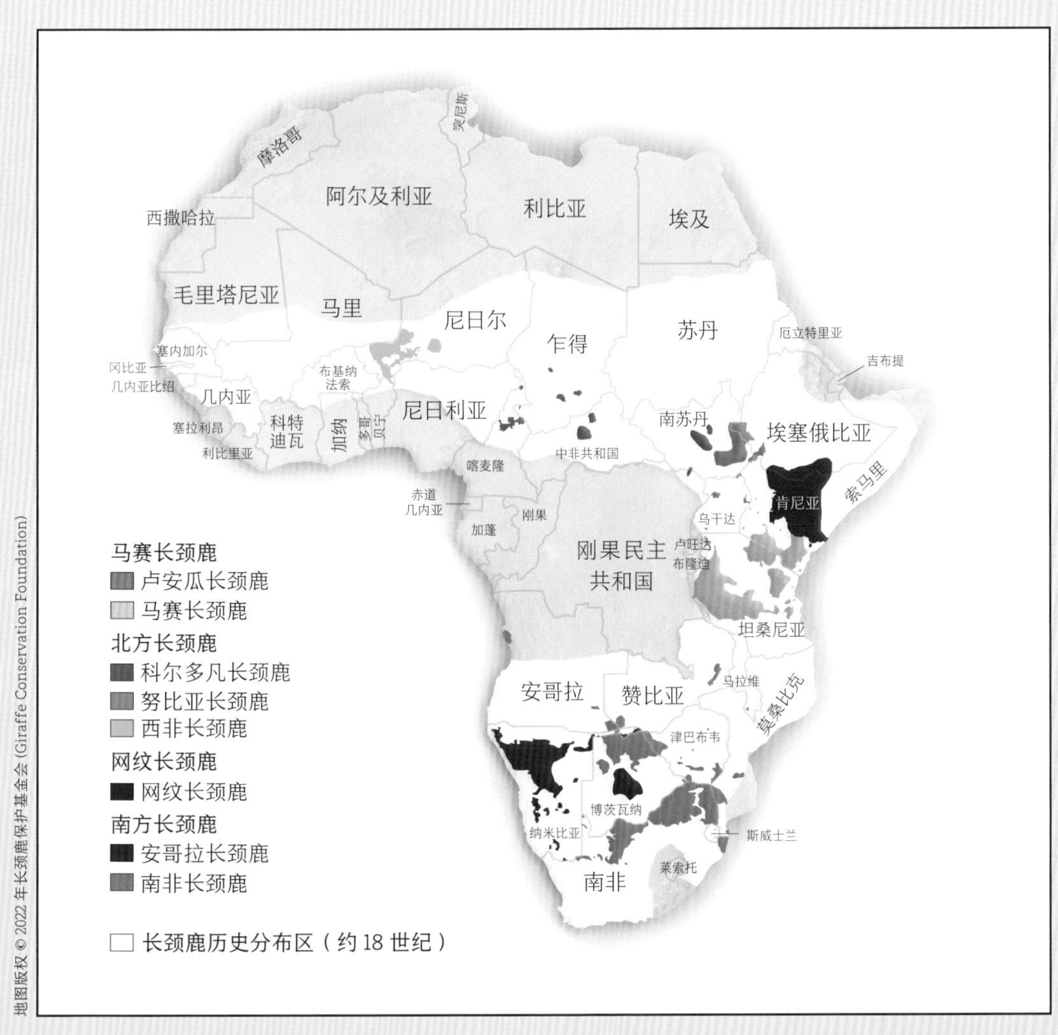

词汇表

食青饲料动物： 一种食草动物，主要以高大木本植物的嫩枝、叶和芽等为食。

伪装： 动物的一种巧妙的生存手段，动物与周围环境融为一体并帮助自身躲避捕食者的方式。

自然环境和野生动物保护主义者： 帮助保护动物和自然世界的人。

蹄子： 马、斑马和长颈鹿等动物用于保护自身足部的角质覆盖物。

哺乳动物： 有毛发或皮毛的动物，靠母乳哺育幼崽。

黑色素： 一种天然的皮肤色素。

长颈鹿角： 长颈鹿头顶上由骨化的软骨构成的突起。

反刍动物： 一种偶蹄类动物，有多个胃，如牛、鹿或长颈鹿。反刍动物先将食物吞入胃中，经过一段时间之后将半消化的食物返回嘴里再次咀嚼。

儿茶属： 一种开花树木，枝干长有刺，产于非洲。原为金合欢属。

西塔： 斯瓦希里语中数字“6”的音译，斯瓦希里语是非洲东部和中部的许多国家使用的语言。

簇毛： 长颈鹿尾巴末端的黑色长毛。

泰迦： 斯瓦希里语中“长颈鹿”的音译。

合欢树： 一种开花树木，枝干长有刺，产于非洲。原为金合欢树。

椎骨： 构成颈部和脊柱的骨段。

长颈鹿知识小测验

1. 人类的心脏每分钟跳动 60 到 100 次。如果长颈鹿的心跳速度是人类的两倍，那么它们的心率是多少？
2. 长颈鹿的心脏每分钟能泵出 60 升血液，这相当于多少毫升？（提示：1 升 = 1000 毫升）又相当于多少杯的容量呢？（提示：1 杯 = 200 毫升）
3. 有关野生长颈鹿的研究表明，它们每天的深度睡眠时间大约为 30 分钟。那它们没有深度睡眠的时间是多少小时呢？
4. 一只 6 米高的长颈鹿与多少个 120 厘米高的三年级学生加起来一样高？

这次的小测验你做得怎么样？

长颈鹿知识小测验答案

1. 每分钟 120~200 次
2. 60 升 = 60000 毫升，60 升 = 300 杯
3. 23.5 个小时
4. 一只 6 米高的长颈鹿相当于 5 个 120 厘米高的三年级学生加起来的高度。

作者简介

（杰夫·伍德沃德　摄）

斯蒂芬·R. 斯温伯恩

博物学家，出版过30余本与动物和自然主题相关的儿童读物，其中包括《斑马条纹》《暴风雨中的安全》和《无与伦比的喙》等图书。除此之外，斯蒂芬还是一名出色的摄影师和音乐家，他每年都要访问多所学校，并做野生动物及其保护方面的图书主题讲座。

（杰里·哈特　摄）

热拉尔多·瓦莱里奥

纽约大学文学硕士。他为许多广受好评的儿童书籍绘制过插画，同时还创作了《我的蝴蝶之书》《我的鸟之书》和《忙碌的鸟》等图书。他的作品已在加拿大、巴西、葡萄牙、法国、英国和中国出版。